马铃薯主食加工系列丛书

U0256142

不可不知的**马铃薯**

功能与作用常识

丛书主编　戴小枫

主　　编　木泰华

中国农业出版社

图书在版编目（CIP）数据

不可不知的马铃薯功能与作用常识 / 木泰华主编
. —北京：中国农业出版社，2016.6
（马铃薯主食加工系列丛书 / 戴小枫主编）
ISBN 978 - 7 - 109 - 21647 - 1

Ⅰ. ①不…　Ⅱ. ①木…　Ⅲ. ①马铃薯-功能②马铃薯
-作用　Ⅳ. ①S532

中国版本图书馆 CIP 数据核字（2016）第 097417 号

中国农业出版社出版
（北京市朝阳区麦子店街 18 号楼）
（邮政编码 100125）
责任编辑　张丽四

三河市君旺印务有限公司印刷　新华书店北京发行所发行
2016 年 6 月第 1 版　2016 年 6 月河北第 1 次印刷

开本：880mm×1230mm　1/32　印张：1
字数：20 千字
定价：8.00 元
（凡本版图书出现印刷、装订错误，请向出版社发行部调换）

丛书编写委员会

主　　任： 戴小枫

委　　员（按照姓名笔画排序）：

王万兴　　木泰华　　尹红力　　毕红霞　　刘兴丽

孙红男　　李月明　　李鹏高　　何海龙　　张　泓

张　荣　　张　雪　　张　辉　　胡宏海　　徐　芬

徐兴阳　　黄艳杰　　谌　珍　　熊兴耀　　戴小枫

本书编写人员

（按照姓名笔画排序）

木泰华　　刘兴丽　　孙红男

何海龙　　戴小枫

目　录

概 念 篇

应 用 篇

概 念 篇

1. 马铃薯含有哪些营养与功能性成分?

马铃薯为茄科多年生草本块茎类植物,又称马铃薯、山药、洋芋等,其中含有多种营养与功能性成分,包括淀粉、蛋白、膳食纤维、维生素、多酚类化合物、矿物元素等,这些成分已被发现可以在预防和治疗癌症、糖尿病及心血管疾病等方面发挥重要作用。

2. 马铃薯淀粉具有哪些功能?

马铃薯粉中淀粉含量一般为 51.07% ～ 72.40%,平均蛋白含量 64.15%,高于小麦粉的 60.96%。但与玉米(7.9%)、小麦(8.6%)、大米(6.9%)相比,马铃薯淀粉中的抗性淀粉含量最高(13.4%),这种淀粉较其他淀粉难降解,在体内消化缓慢,吸收和进入血液都较缓慢。其性质类似溶解性纤维，具有一定的瘦身效果。此外，马铃薯淀粉的含磷量是目前已知各类商业化生产淀粉中最高的。马铃薯淀粉中的磷酸基是其糊浆透明度高的重要原因之一，也是马铃薯淀粉与其他淀粉区别的显著特点。磷不但构成人体成分，如遗传物质核酸、三磷酸腺苷（ATP）、酶的重要组分，而且参与人体生命活动、生长发育的代谢过程，协助脂肪和淀粉的代谢，供给人体能量和活力，对人体健康有重要意义。

3. 马铃薯蛋白具有哪些功能？

马铃薯粉中蛋白含量一般为 6.57% ～ 12.84%，平均蛋白含量 9.40%。马铃薯蛋白由 18 种氨基酸组成，其中必需氨基酸含量为 20.10%，占氨基酸总量的 47.90%。马铃薯蛋白的必需氨基酸含量与鸡蛋蛋白相当。若将鸡蛋中的蛋白生物效价定为 100，则马铃薯蛋白的生物效价大约是 80，明显高于 FAO/WHO 的标准蛋白，且其可消化成分高，极易被人体吸收，优于其他作物蛋白。研究表明，马铃薯蛋白能预防心血管系统的脂肪沉积，保持动脉血管的弹性，防止动脉粥样化过早发生，还可防止肝、肾中结缔组织的萎缩，保持呼吸道和消化道的润滑。

马铃薯糖蛋白（Patatin）是马铃薯蛋白的主要组成部分，具有较好的溶解度、乳化性、起泡性及凝胶性，还具有酯酰基水解活性和抗氧化活性。此外，国内外许多学者的研究表明，马铃薯糖蛋白（Patatin）是一种极具潜力的癌症预防物质和食品添加剂。

4. 马铃薯膳食纤维具有哪些功能？

膳食纤维虽然不是人体主要的营养素，但却可以在体内发挥重要的生理功能。马铃薯粉中粗纤维的含量为 1.31%～2.86%。马铃薯膳食纤维具有很强的吸水性和黏滞性，一方面可以增大肠道内容物的体积，增加饱腹感；另一方面还可以促进胃肠道的蠕动和刺激消化液的分泌，

因此有改善胃肠道消化机能的作用。此外，由于膳食纤维的包裹作用，造成食物其他成分的消化吸收速度变慢，所以食用马铃薯后，食物在肠道中停留的时间要比米饭、面食长得多，这也能增加饱腹感，减少食物摄入量，因此有利于减肥和控制体重；同时，它也能防止血糖水平的剧烈升高，减小对胰腺的刺激，使胰岛素的分泌更加平稳，使血糖的水平更加容易保持稳定。此外，膳食纤维还具有物理吸附作用，能吸附肠道内容物中的脂肪、胆固醇、胆汁酸及肠道中的其他有毒有害代谢产物，降低这些物质对肠黏膜细胞的毒害作用，因此有预防各种炎性肠病和结直肠癌的作用。同时，由于膳食纤维可以吸水膨胀，有利于肠道内容物的及时排泄，因此还可以预防大便秘结，有防止便秘和痔疮的作用，这一点对预防结直肠癌也非常重要。除此之外，膳食纤维还能促进肠道有益菌的生长，使肠道菌群更加平衡。肠道有益菌一方面可以抑制有害菌，减少有毒细菌代谢产物的产生；另一方面还可以将膳食纤维部分分解成能量供给人体，并可以合成许多人体必需的 B 族维生素，促进机体健康。由此可见，马铃薯膳食纤维对人体健康的益处是多方面的。

5. 马铃薯中的维生素具有哪些功能?

马铃薯粉中含维生素 C、维生素 B_1、维生素 B_2、维生素 B_3 和维生素 B_6，每 100 克中维生素 C 含量为 34.24～256.22 毫克，而小麦粉中未检出；其中维生素 B_1 含量为 0.12～0.56 毫克、维生素 B_2 含量为 0.09～0.70 毫克、维生素 B_3 含量为 3.37～4.92 毫克，分别为小麦粉的 1.38、8.75 和 4.79 倍。维生素 C 具有增强免疫力，预防感冒，促进胶原蛋白合成，使皮肤光滑、美白、有弹性，抗氧化、解毒等作用，而且可以减少烟、酒、药物及环境污染对身体的损害；维生素 B_1 和维生素 B_3 可以调整胃肠道的功能，促进消化系统的健康，维生素 B_3 还可以预防和缓解严重的偏头痛，促进血液循环，降低血压，减轻腹泻等；维

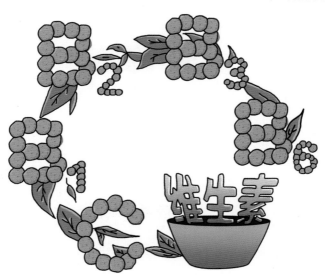

生素 B₂ 能预防贫血，促进生长发育，保护眼睛、皮肤的健康，抑制口腔溃疡；维生素 B₆ 则有助于五羟色胺、多巴胺和去甲肾上腺素等多种神经递质的产生和分泌，是调节神经系统功能和代谢所必需的。这意味着吃马铃薯有助于预防抑郁、情绪紧张，减轻注意缺陷障碍（多动症）等神经精神疾病，对维持神经系统健康非常重要。总之，食用马铃薯可以提高维生素的摄入量，促进人体营养的平衡。

6. 马铃薯中的多酚类物质具有哪些功能？

多酚类物质是食物抗氧化活性的主要来源。每 100 克马铃薯粉中多酚类物质含量范围为 7.13～30.64 毫克，远远高于小麦粉；抗氧化活性接近小麦粉的两倍。美国学者发现：美国人饮食中 25% 的植物多酚类物质来自于马铃薯，其中包括类黄酮（槲皮素和山奈酚）、酚酸（绿原酸和咖啡酸）等。马铃薯中含量最丰富的酚酸是绿原酸（1.0～2.2 毫克/克）和咖啡酸（19～62 微克/克），其次是香豆酸、阿魏酸和没食子酸。多酚类物质分子中存在多个酚羟基，是良好的氢供体，具有较高的抗氧化活性。此外，研究表明植物多酚还具有抑制癌症、预防心血管疾病、延缓衰老等多种生理功能。

7. 马铃薯中的矿物元素具有哪些功能？

马铃薯粉中矿物元素非常丰富。其中，钾的平均含量为 5 392.77 毫克/克，是小麦粉的 3 倍；镁的平均含量为 941.1 毫克/克，是小麦粉的 4 倍；磷的平均含量为 602.80 毫克/克，接近小麦粉的 2 倍；钙的平均含量为 167.87 毫克/克，略低于小麦粉；钠的平均含量为 36.06 毫克/克，是小麦粉的 3 倍；锰的平均含量为 3.97 毫克/克，与小麦粉相当；铁的平均含量为 20.01 毫克/克，接近小麦粉的 2 倍；锌的平均含量为 3.67 毫克/克，是小麦粉的 1.5 倍；铜的平均含量为 1.61 毫克/克，高于小麦粉的 10 倍；硒的平均含量为每 100 克中含硒 7.49 g，显著高于小麦粉。重金属元素砷和铅的平均含量分别为 0.03 毫克/千克和 0.06 毫克/克，远远低于 GB2762－2012 食品中污染物限量标准规定的限值（分别为 0.5 毫克/克和 0.2 毫克/克）。从以上结果可以看出，马铃薯是矿物元素的优质来源。

钾是人体生长必需的营养素，对于维持细胞内正常的渗透压、维持神经肌肉的应激性和正常功能、维持心肌的正常功能、维持细胞内外正常的酸碱平衡、碳水化合物和蛋白质的正常代谢均起着重要作用，对预防肌肉无力、心律失常、横纹肌裂解、肾功能障碍、中风及高血压均非常重要；钙磷是构成骨骼和牙齿的重要成分，可以促进骨骼生长，预防骨质疏松；镁对维护骨骼生长和神经肌肉的兴奋性、维护胃肠道和激素的功能、保持体内各种酶的活性均非常重要；铁和硒是人体的必需微量元素，铁是组成血红蛋白、肌红蛋白和呼吸酶的重要组成成分，参与体内氧与二氧化碳的转运、交换和组织呼吸，还与抗体的产生及药物的解毒有密切关系，并可以催化 -胡萝卜素等维生素 A 原转化为维生素 A，促进嘌呤与胶原的合成及脂类在血液中转运等；硒在抗氧化、抗癌及预防心脑血管疾病方面均发挥重要作用。

单位：每 100 克中含量（微克）

平均值（毫克/千克）	K	Mg	P	Ca	Na	Fe
马铃薯粉	5 392.77	941.1	602.80	167.87	36.06	20.01
小麦粉	1 730.40	206.4	361.2	201.20	20.20	11.40
平均值（毫克/千克）	Mn	Cu	Zn	Se*	As	Pb
马铃薯粉	3.97	1.61	3.67	7.49	0.03	0.06
小麦粉	4.30	0.12	2.00	5.98	未检出	0.30

8. 马铃薯中的生物碱具有哪些功能？

生物碱是存在于生物体内的次级代谢物，是一种碱性含氮化合物，多数具有复杂的含氮杂环，具有光学活性和显著的生理学效应。糖苷生物碱则是马铃薯块茎在发芽过程中产生的天然毒素，它是马铃薯合成的针对病原体、昆虫、寄生虫和食肉动物的天然防御机制，主要分布在马铃薯外层的皮中，一般在发芽的地方水平最高。糖苷生物碱对人类有毒，样品致死浓度＞330毫克/克。但在烹饪之前削掉马铃薯皮和剜去马铃薯芽就可以去除几乎所有的糖苷生物碱。

马铃薯中的糖苷生物碱除了是一种天然毒素和抗营养物质之外，还具有多种其他生物活性，如果将其当作药用，有可能具有抗肿瘤、抗疟疾、抗病原微生物、降低血浆低密度脂蛋白胆固醇等功效。打碗花精是马铃薯中发现的另一种生物碱，该生物碱有助于预防摄入过多碳水化合物后导致的血糖急剧升高。

双胍类药物如二甲双胍是目前世界范围内广泛使用的2型糖尿病的治疗药物。研究表明，含双胍类相关化合物最高的植物性食物分别是绿色咖喱叶、胡芦巴、绿苦瓜和马铃薯。马铃薯可作为天然双胍类降糖药的一个重要来源，在预防和治疗糖尿病方面发挥重要作用。

应用篇

1. 马铃薯蛋白有哪些用途？

经过超滤法、膨化床法等提取工艺生产不同纯度的马铃薯蛋白粉，可广泛应用于食品加工领域中，是一种未来极具开发潜力的营养保健食品。

（1）食用蛋白粉：马铃薯蛋白氨基酸组成较合理，且易被人体消化、吸收，是一种优质的食用蛋白来源，可与其他植物蛋白（如大豆蛋白）复配，制备高营养价值的食用蛋白粉，用于弥补日常膳食蛋白摄入量的不足。

（2）食品加工辅料：马铃薯蛋白具有较好的溶解度、乳化性、起泡性及凝胶性，可用于各种面制品的加工，如将马铃薯蛋白与面粉混合，制作馒头、面包、饼干、蛋糕等食品，不仅增加了蛋白质含量，而且可以改善色泽、口感，增加弹性和膨松度，防止变干变硬。

在面条、方便面、通心粉中加入马铃薯蛋白，会使其更筋道、耐煮，营养价值更高。

（3）制备生物活性肽：马铃薯蛋白可以作为一种生产生物活性肽的优良的蛋白原料。生物活性肽可以提高机体免疫力，预防活性氧引发的各种疾病，因而这类保健品具有广阔市场前景。马铃薯蛋白活性肽在抗高血压、消除人体疲劳、保护肝脏、增强人体免疫力等方面均有显著的作用。

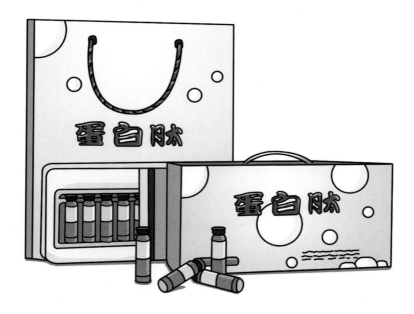

2. 马铃薯中的淀粉有哪些用途？

按照来源一般马铃薯淀粉可分为原淀粉（天然淀粉）和变性淀粉两大类。

原淀粉具有增稠、凝胶、黏合和成膜性以及价廉、易得、质量容易控制等特点，变性淀粉（或修饰淀粉）即采用物理、化学以及生物化学的方法，使淀粉的结构、物理性质和化学性质改变，从而出现特定的性能和用途的产品。马铃薯淀粉在工业上的应用主要有以下几方面：

（1）食品工业：马铃薯淀粉在方便食品、休闲食品、膨化食品、火腿肠、婴儿食品、低糖食品、果冻布丁等产品的生产上被大量使用。利用马铃薯淀粉易膨胀、高黏度的特性主要用作增稠剂、黏结剂、乳化剂、充填剂和赋型剂等，不但可以减少淀粉用量，同时还可以大大改善食品的品质。方便面中添加马铃薯淀粉后更爽滑、耐煮而且色泽鲜亮；用于糕点、糖果涂料，可以改善观感，增加食欲。利用马铃薯淀粉的高黏结性和优良的成膜性能，可用在糖果加工中的压模成型、面包的防黏、水果的上光等许多方面。利用其稳定性高、不易老化的特性可作为冷冻食品的原料，添加在蛋糕、面包中不但可以增加营养成分，还可以防止面包变硬，从而延长保质期。

（2）造纸工业：造纸工业是继食品工业之后最大的淀粉消费行业。造纸行业所使用的淀粉主要用于表面施胶、内部添加剂、涂布、纸板黏合剂等，以改善纸的性质和增加强度，使纸和纸板具有良好的物理性能、表面性能、适印性能和其他方面的特殊质量要求。

（3）纺织工业：纺织工业很久以来就采用淀粉作为经纱上浆剂、印染黏合剂以及精整加工的辅料等。如果将马铃薯淀粉用于印染浆料，可使浆液成为稠厚而有黏性的色浆，不仅易于操作，而且可将色素扩散至织物内部。从而能在织物上印出色泽鲜艳的花纹图案。利用马铃薯淀粉精梳的棉纺品具有一个良好手感和光滑表面。马铃薯淀粉糖还有还原染料的作用，能使颜色固定在布料上而不褪色。

（4）医药工业：在制药工业中，马铃薯淀粉主要用于制作糖农、胶囊等方面以及牙科材料、接骨黏固剂、医药手套润滑剂、诊断用放射性核种运载体等方面。马铃薯淀粉由于其低热量特点，可用在维生

素、葡萄糖、山梨醇等治疗某些特殊疾病的药品中。用马铃薯淀粉可制成淀粉海绵，经消毒放在伤口上有止血作用。

（5）化学工业及其他：将马铃薯淀粉添加在聚氨酯塑料中，既起填充作用，又起交联作用，可增强塑料产品强度、硬度和抗磨性，所生产的材料被用于高精密仪器、航天、军工等特殊领域。

（6）变性淀粉：变性淀粉在一定程度上弥补了原淀粉水溶性差、乳化能力和凝胶能力低、稳定性不足等缺点。变性淀粉和淀粉衍生物的产品种类很多，用途更加广泛，不但提高了淀粉的经济价值，而且各种新产品的性质更适用于工业生产的需要。

3. 马铃薯中的膳食纤维有哪些用途？

采用生物技术法、化学分离法或化学试剂—酶结合法生产的马铃薯膳食纤维，可用于焙烤类食品、饮料、肉制品等食品中。

（1）主食：膳食纤维可用于生产馒头、面包、面条等主食，其添加量一般为 5% ～ 6%。面条中加入膳食纤维后，生面条的强度有所降低，但面条煮熟后其强度反而增强。膳食纤维还可添加到谷物原料中，做成早餐食品，配合牛奶或豆浆等一起食用。此外，膳食纤维还可添加到小吃食品，如布丁、巧克力、糖果、口香糖等中，添加量根据食品种类不同而存在较大差异。

（2）饮料：膳食纤维饮料早已风靡欧、美、日等发达国家，我国膳食纤维饮料种类繁多，一般主要用于液体、固体和碳酸饮料，也有将膳食纤维用于乳酸杆菌发酵制成的乳清型饮料中的。

（3）肉制品：在肉制品中添加膳食纤维，可保持肉制品中的水分，同时降低肉制品的热量。膳食纤维在肉类食品中的添加量一般为 1%～5%。

（4）调味料：人们将膳食纤维与某些食品添加剂如焦糖色素、动植物油脂、山梨酸、微量元素等营养成分以及木糖醇等甜味剂混合加热制成馅

料，用于月饼馅料、牛肉馅、汉堡包馅等，效果良好。

（5）保健品：除了作为添加剂使用外，膳食纤维已被广泛用于保健品。现在市场上有很多以膳食纤维为主的胶囊、冲剂以及片剂等保健品，表现出良好的经济效益。

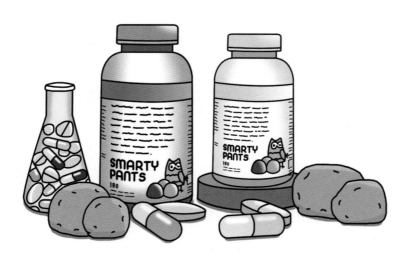

4. 马铃薯多酚类物质有哪些用途？

采用水提取法、有机溶剂浸提法、酶解法、微波辅助法、超声波辅助法等方法制备的马铃薯多酚类物质，具有清除自由基、抗菌消炎、抑制肿瘤、保肝利胆、活血降压等生物活性，可广泛应用于食品、医药保健品等领域。

（1）食品工业：由于多酚类物质天然高效的抗氧化、抑菌和保健功能，深受食品企业的欢迎。①多酚类物质用于畜肉制品中，具有抑菌、消除臭味、腥味，防止氧化变色的作用；②在食用油贮藏中加入多酚类物质，能阻止和延缓不饱和脂肪酸的自动氧化分解，从而防止油脂变质，延长油脂贮藏期；③对高脂肪糕点及乳制品，如月饼、饼干、蛋糕、方便面、奶粉、奶酪、牛奶等，加入多酚类物质不仅可保持其原有的风味，防腐败，延长保鲜期，防止食品退色，抑制和杀灭细菌，提高食品卫生标准，延长食品的销售寿命，还可使甜味"酸尾"消失，味感甘爽；④用于饮料生产，多酚类物质不仅可配制果味茶、柠檬茶等饮料，还能抑制豆奶、汽水、果汁等饮料中的维生素A、维生素C等多种维生素的降解破坏，从而保证饮料中的各种营养成分。

（2）医药保健行业：多酚类物质被称为是"第七类营养素"，在保健行业中应用广泛。目前多酚类物质的抗菌消炎特性在医药行业的应用开发较多，而其抑制肿瘤、降血压血糖、保护心血管等生物活性特点在医药行业的应用较为不足，所以在开发高性能高附加值的医药保健领域，多酚类物质有广阔的应用前景。

5. 女性吃马铃薯有何好处？

（1）远离负面情绪，改善精神状态。生活中很多女性不仅要面对职场压力，在家还要面对家庭关系、繁杂的家务等多种压力，因此更容易

受到很多不良情绪的影响。比如说易发脾气、没信心，甚至抑郁。马铃薯中富含维生素 C，而维生素 C 是一种具有安抚情绪，帮助女性摆脱各种精神困扰的元素之一。再者马铃薯容易有饱腹感，吃了之后就可以减少肉类食物的摄入量，从而有效避免食物酸碱度失衡的问题，对女性保持一个健康的情绪具有很大的帮助。

（2）抗衰老，保持年轻态。马铃薯中的蛋白质、维生素及多酚类物质均有抗氧化作用。马铃薯中含有丰富的 B 族维生素，比如说维生素 B_1，维生素 B_2，维生素 B_3 的含量都是相对较高的。B 族维生素是天然的抗衰老食物，所以女性常吃就可保持年轻态。再者马铃薯中的维生素 C 是一种水溶性维生素，对于提高身体免疫力、促进牙龈健康、保持充沛的精力、抗疲劳、保持年轻态都有重要作用。

（3）吃出好身材。马铃薯的营养丰富，但是脂肪含量相对较低，甚至可以忽略不计。所以想减肥又担心饿肚子则可多吃马铃薯，把马铃薯当成主食吃，你会发现身上多余的脂肪越来越少。

（4）赶走便秘，排出毒素，助你拥有好肤色。马铃薯中含有丰富的膳食纤维，对促进肠胃蠕动、预防便秘等均有很好的效果。众所周知，排便事实上就是排出体内产生的垃圾，因此排便对于排出体内毒素具有很大的帮助。毒素不见了，肤色自然会变好。

（5）保护心脑血管，促进身体健康。马铃薯中含有丰富的黏体蛋白，具有预防心血管疾病、减少中风的作用。另外马铃薯中丰富的膳食纤维具有控制血液中胆固醇的作用，丰富的钾离子对促进内外酸碱度的平衡、避免血压突然升高等都具有很好的作用。因此，日常常吃马铃薯更有利于女性保护心脑血管健康，促进全身健康。

6. 儿童吃马铃薯有何好处？

（1）美容护肤。马铃薯中的蛋白质、维生素及多酚类物质均有抗氧化作用，儿童吃马铃薯可以美白、润滑肌肤，起到美容护肤的效果。

（2）增强体质。马铃薯含有大量的蛋白质和 B 族维生素，可以增

强体质。特别是夏季没有食欲的儿童，坚持吃一段时间马铃薯，能够促进身体健康，且不易长胖。

（3）消脂减肥。马铃薯是所有充饥食物中脂肪含量最低的，多吃马铃薯，可以减少脂肪摄入，让身体把多余脂肪逐渐代谢掉，不必担心因脂肪过剩而发胖。

（4）心情愉悦。马铃薯含有丰富的维生素 C，可以促进幼儿心情愉悦。

（5）提升智力。马铃薯含有大量蛋白，具有提高记忆力和让思维清晰的作用，常食马铃薯有助于幼儿智力的发展。

7. 老年人吃马铃薯有何好处？

（1）防中风。马铃薯富含的膳食纤维有助于控制血液中胆固醇的含量，其中的黏体蛋白质，能预防心血管疾病，减少中风的危险。

（2）控血压。钾离子参与细胞内外酸碱平衡的调节，可以防止钠盐摄入过量引起的血压升高，而马铃薯是微量元素钾的绝佳来源。

（3）防衰老。马铃薯富含维生素 C，有助于老人的牙龈健康以及增强免疫力。尤其对于喜欢运动的老年朋友们来说，每天吃些马铃薯，增加维生素 C 的摄入，有抗衰老和抗疲劳的功效。

（4）养脾胃。中医认为马铃薯有"和胃调中、健脾益气"的功效，是调养脾胃的好食物。此外，英国曼彻斯特大学一项最新研究发现，马铃薯中含有一种可治疗胃溃疡的特种抗菌分子，与抗生素相比，它不但可以防范胃溃疡，而且不会产生抗药性，没有任何副作用。

（5）防便秘。老年人肠平滑肌及提肛肌随着年龄的增长收缩力下降，致使排便困难，马铃薯中的膳食纤维有利于促进肠胃蠕动，有通便功效。

8. 高血压与糖尿病患者吃马铃薯有何好处？

马铃薯中钾含量较高，能够排除体内多余的钠，有助于降低血压。烤马铃薯是法国人和德国人的常见主食，医生常告诫高血压患者多吃烤马铃薯，少吃白面包。此外，马铃薯中的膳食纤维也有助于降低高血压。膳食纤维可吸附肠道中的脂肪和胆固醇，促进其排泄，减少血管壁的肥大和增厚，使血管壁变得更富有弹性，能更好地保持血压的平稳。

糖尿病人最好应选择血糖生成指数（GI）低的食物。尽管马铃薯的 GI 属中等水平，烤马铃薯的 GI 值 60。然而，蒸马铃薯的淀粉含量比米饭、馒头低，升血糖速度也比白米饭、白馒头慢，而且饱腹感较强。此外，马铃薯中的膳食纤维、果胶、打碗花精、双胍类物质、槲皮素、花青素等活性成分均有抗糖尿病作用。因此，糖尿病患者可以适量食用。

多吃马铃薯及其制品利于身体健康

不健康饮食

9. 抑郁症患者吃马铃薯有何好处？

食物可以影响人的情绪，是因为它里面含有的矿物质和营养元素能作用于人体，改善精神状态。生活在现代社会的上班族，最容易受到抑郁、灰心丧气、不安等负面情绪的困扰，马铃薯富含维生素 C，具有安抚情绪的作用，马铃薯中的维生素 B_6 则有助于五羟色胺、多巴胺和去甲肾上腺素等多种神经递质的产生和分泌，是调节神经系统功能和代谢所必需的，对维持神经系统健康非常重要。这意味着吃马铃薯可以在一定程度上起到预防抑郁症的作用。

哈，我的心情好多了！